快乐科普大讲堂

狗狗的职业生涯

⊙ 李洁 编著　张鹏 绘

中州古籍出版社
·郑州·

阅读说明

对话第一句用 表示，第二句用  表示，第三句用  表示，第四句用 表示，第五句用 表示。

我是大宇！嘿嘿！

还有我，我是晓悦！小朋友们好！

我是星艾儿，大家好！

图书在版编目（CIP）数据

狗狗的职业生涯 / 李洁编著；张鹏绘. — 郑州：中州古籍出版社，2013.12
（快乐科普大讲堂）
ISBN 978-7-5348-4266-5

Ⅰ.①狗… Ⅱ.①李…②张… Ⅲ.①犬-青年读物②犬-少年读物 Ⅳ.①S829.2-49

中国版本图书馆CIP数据核字(2013)第114816号

狗狗的职业生涯
Gougou de Zhiye Shengya

出版社：中州古籍出版社	
（地址：郑州市经五路66号　　邮政编码：450002）	
发行单位：新华书店	
承印单位：河南佳彩彩色印务有限公司	
开本：710mm×1000mm　　1/16	印张：10
字数：300千字	
版次：2013年12月第1版	印次：2013年12月第1次印刷

定价：28.00元
本书如有印装质量问题，由承印厂负责调换。

导盲犬小Q

小Q如此，还有很多狗狗也是这样的呢。我还看过忠犬八公的故事，同样让人感动到想哭呢。

所以人们常说，狗是人类最忠实的朋友。

昨天，我买了一张影碟：《导盲犬小Q》。看了之后，感动得不得了。

我也看过，小Q好乖，好聪明，好可爱。看到小Q死的时候，我哭了很久呢。

狗的起源

在人类饲养的所有家畜中,只有狗成了人类的亲密伙伴。这种关系的形成是因为狗具有很强的适应能力和学习能力,并且很容易被调动起兴趣。人类将狗视为家庭中的一员,而狗也将它的主人视为自己可以依赖的朋友。

大丹犬和蝶耳犬

在所有的家畜种类中，没有哪一种动物像狗一样有这么多的品种。千奇百怪的狗，它们之间的差异是如此之大。不止是一个人产生过这样的念头：狗是不是由很多种不同的动物进化而来的？

狗的形状千奇百怪，有的体形特别大，有的体形特别小，还有的长得特别胖，有的长得特别怪。它们是从同一个祖先进化来的吗？

从达尔文的时代开始,人们就对狗的起源争论不休。在这个问题上达尔文比较悲观,他认为"大多数家养动物的起源,也许会永远暧昧不明"。达尔文倾向于狗的祖先很可能是豺,因为豺的多样性也十分明显。

在达尔文所处的时代,没有任何学科可以给出真正坚实的证据,而那个时代的遗传学还处于萌芽状态。

亚洲胡狼

亚洲胡狼因其体形特征和沙黄色的皮毛曾一度被认为是东方灰猎犬的祖先。而另外一些品种的狗则被认为是狐狸、北美郊狼、鬣狗的后代，甚至可能是远古时期老虎的后代。

《物种起源》出版大约100年后，沃森和克里克发现了DNA的双螺旋结构，从而最终确立了DNA就是寻觅已久的遗传物质，正是它在生物体中世代相传。今天我们利用DNA来鉴定亲子关系，遗传学家则利用DNA来追溯动物的家谱。

1997年，加利福尼亚大学洛杉矶分校的科学家率先使用线粒体DNA来追溯狗的祖先。他们将来自世界各地的140只不同种类的狗、162只灰狼、5只北美小狼和12只豺的线粒体DNA进行相互比对。研究显示，狗与灰狼的亲缘关系最近。这意味着，狗最可能是人类从灰狼驯化来的。

达尔文所处的时代给不出坚实的证据，那么现在呢？

狗狗真的起源于这么多种动物吗？

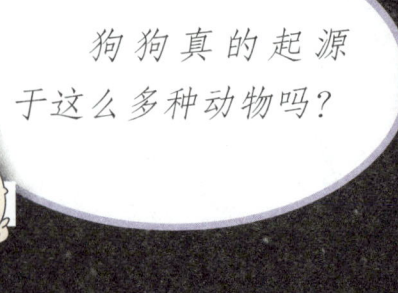

灰狼

狗被驯化的时间，加利福尼亚大学洛杉矶分校的研究人员认为可能在13.5万年前——如果事实确实如此，那就意味着对狗的驯化几乎是伴随着现代人的出现而同时发生的——但大多数科学家对此觉得难以置信。

毕竟，迄今为止最古老的狗化石，也只有3.3万年。更多的狗化石，多形成于1.4万~1.2万年前。

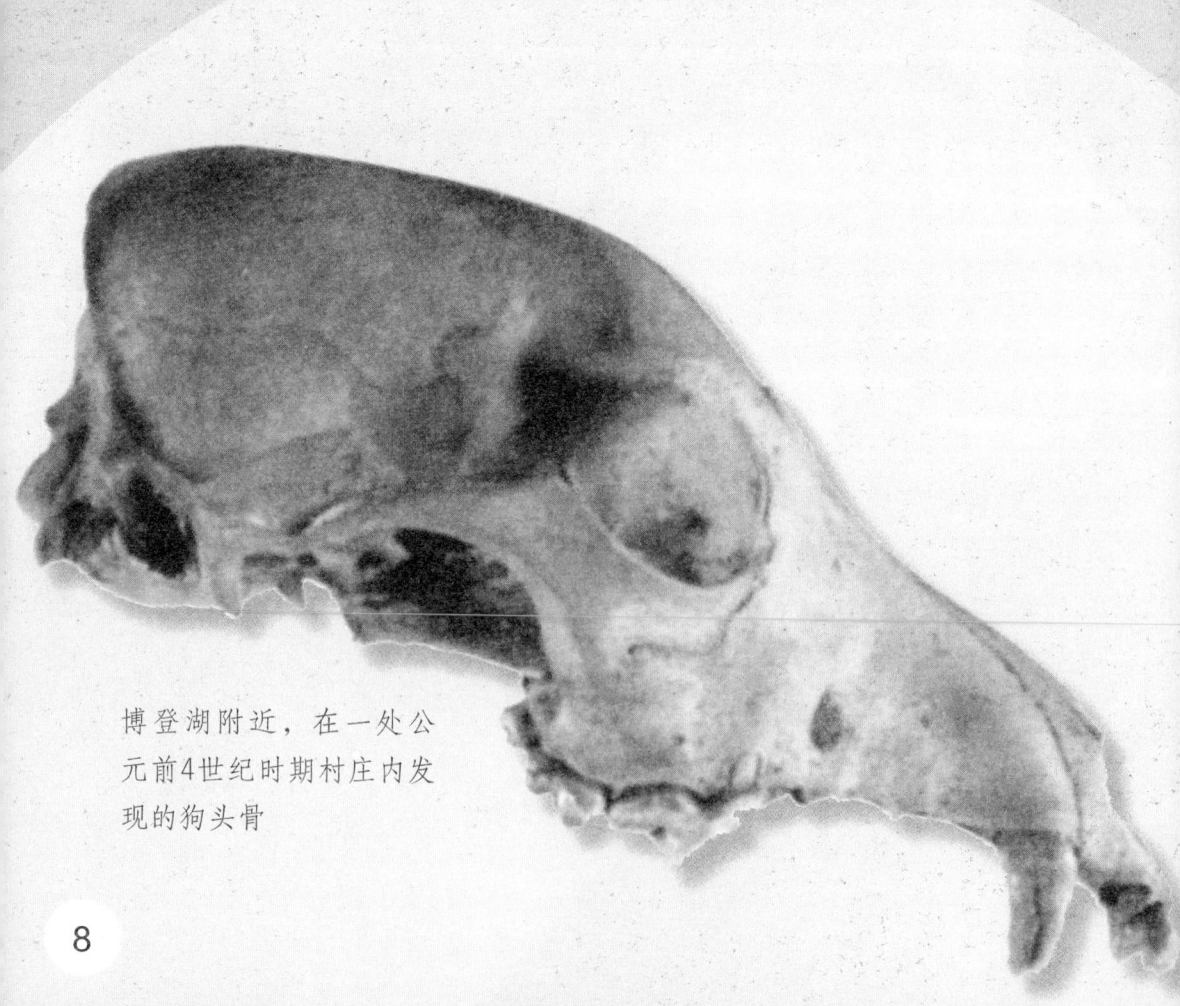

博登湖附近，在一处公元前4世纪时期村庄内发现的狗头骨

狗原来是起源于狼啊！

狼的种类也很多，狗狗究竟是由哪种狼，或是哪几种狼驯化而来的呢？

狗起源于狼，目前已形成了共识。但几百万年来，地球上所有地区都生活着不同种类的狼。关于狗的具体的发源地和时间，则是众说纷纭。

还有，狼是什么时间被驯化的呢？

美国亚利桑那大学的研究人员对分别从比利时和西伯利亚地区出土的两块距今至少3.3万年的狗头骨的研究表明，狗早在远古时代就已经是人类的忠实伙伴了。

科学家们使用碳14年代测定法来确定这两块狗头骨的历史年代，又从骨架特征得出结论称，这两只动物是人类驯养的，且认为这种判定"非常可靠"。

研究人员称，这两只狗的鼻子较短、下颚较宽，而如狼一般的野生动物则需要用细长的鼻子和较窄的下颚捕捉猎物。他们据此认为，这表明我们的祖先早就开始驯养狗，以抵御危险，排遣寂寞。

在西伯利亚出土的狗头骨

研究人员指出，狗可能是人类驯养的第一种动物，在时间上远远早于其他家畜。绵羊和山羊是在公元前8800年左右被驯服的，而牛、猪、马被驯服的时间则更晚。

　　此外，亚利桑那大学的研究人员还认为，这两个狗头骨从不同地区出土可以说明，在人类历史上，尽管所处地区不同，但驯养狗的活动一直在进行当中，这也意味着现在的狗有着多种祖先，这也可能是不同品种的狗在外形上差距很大的原因。

狗在多个地方活动过，就意味着狗有多种祖先——这是科学界的共识吗？

狗的起源之谜，与埃及金字塔之谜等并列为人类文明历史六大谜团，在科学界，至今还有着很多不同的观点。

美国《科学》杂志

2002年11月22日出版的美国《科学》杂志上，一篇由中国和瑞典两国科学家联合发表的论文指出，狗的起源最可能发生在东亚，很有可能就是中国。

这次研究可以视为是对1997年研究的进一步拓展。两国科学家共分析了来自亚洲、非洲、欧洲以及北美近北极区的不同种类的654只狗的线粒体DNA，并将之与38只来自亚洲和欧洲的狼进行对比后发现，它们几乎拥有相同的基因。

在狗起源的研究中，我国科学家也参与其中，并获得了重大成果。

中国与瑞典科学家认为,东亚的人类首先开始驯化狼等动物,并在漫长的岁月里逐渐把驯化的狗带到了欧洲,甚至穿过白令海峡带到了美洲。

远古狩猎图

瑞典皇家生物技术学院的彼得·萨沃莱南说："许多早期的研究基于中东地区少量的考古材料，认为该地区是狗的起源地。而实际上，那里只是驯化过其他的一些动物，而不是狗。"

为什么认为是东亚呢？

之所以认为是东亚，是因为东亚地区狗的基因类型最为丰富，科学家通过基因测试推断该地区应该就是狗的发源地，而不是过去人们一直认为的中东地区。

这项研究是由两个国际研究小组齐头并进地进行的。美国和秘鲁等国的科学家组成的研究小组比较了南、北美大陆和亚洲、欧洲的狗，以及在欧洲殖民者到达美洲大陆前就在拉丁美洲和阿拉斯加等地生存的狗的碱基排列，发现拉丁美洲和瑞典的狗的部分基因都源于过去的欧亚狼。这部分基因在15世纪欧洲殖民者到达美洲之前，就已在美洲家犬身上显现。

白令海峡

他们认为,狗在东亚起源,并扩展到整个亚洲和欧洲,继而在1.4万至1.2万年前,由美洲大陆的第一批定居者穿越白令海峡带到了美洲。

瑞典家畜专家珀·詹森认为,东亚人最早驯化狗的这一推测是"非常能令人信服的"。美洲大陆的第一批定居者带着狗,这一点显示了在这以前很多年狗就和亚洲人生活在一起。

2004年5月21日,《科学》杂志上发表了一篇研究狗的品种是如何进化的论文。来自弗雷德·赫奇逊癌症研究中心的遗传学家通过鉴定96个微卫星标记,成功地将85个品种共计414只纯种狗从DNA的角度加以区别。他们再次确认,最古老的狗品种起源于亚洲,而这些古老品种的狗和狼关系密切。

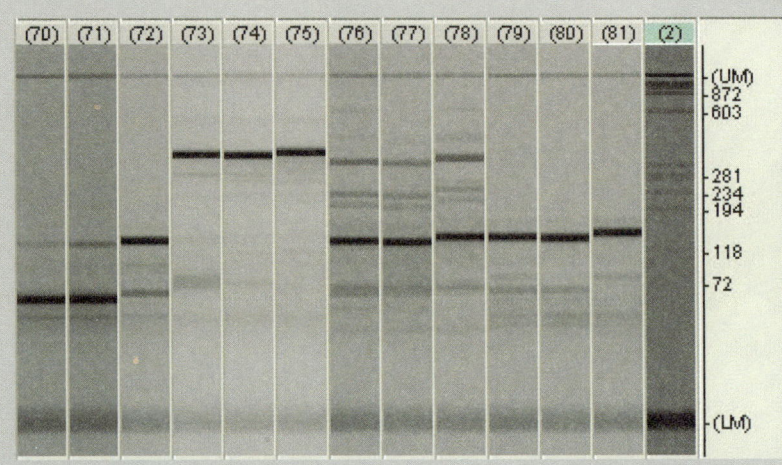

微卫星标记

博士，什么是微卫星标记啊？

微卫星标记又称为短串联重复序列或简单重复序列，是均匀分布于真核生物基因组中的简单重复序列，由2~6个核苷酸的串联重复片段构成。

由于它们的突变通常对生物体没有什么影响，所以它们可以拥有极高的突变速率，而这就提供了丰富的多样性。两个个体或者两个群体之间的微卫星标记的相似程度，可以作为判断它们彼此之间亲缘关系有多么密切的重要指标。

狗的祖先是狼,那么狼的祖先呢?

这个,是所有犬科动物的祖先了吧。

我在书上看到过,好像是一种叫作细齿兽的动物。

细齿兽骨骼复原模型

狼的祖先

在人类还未出现的史前时代,地球上生活着许多现在的肉食猛兽的祖先。这些动物的体形很小,仅与黄鼠狼或者石貂差不多大。它们的头骨和牙齿与现在的狗拥有很多共同点。研究人员将它们称为细齿兽。

它们生活在约5000万年前,主要以昆虫和小动物为食。经过数千万年之后,它们进化成为犬科动物的直系祖先,其中包括黄昏犬。这种动物不论是体形、外貌还是身体结构都与现在的大耳狐(沙漠狐)十分接近。

通过研究化石得知，犬类的进化主要发生在北美洲。700万年前，北美洲与东亚相连，犬类由此到达了亚洲，并由那里开始向其他地方扩散，直到欧洲。

科学家认为犬类的祖先是生活在500万年前的一种"原始犬"，名为汤氏熊。它的后代就是现在各种各样的犬科动物，如普通狼、狐狸、胡狼、北美郊狼和野狗等，其中有一些已经处在灭绝的边缘。在这一进化链的末端，才由狼进化出了现在的家犬。

普通狼　　　狐狸　　　胡狼　　　野狗　　北美郊狼

2000万年前的汤氏熊

3000万年前的黄昏犬

6000万至5000万年前的细齿兽

狗的祖先

神话中的狗

还有埃及神话里的阿努比斯，也是长着狗头的地狱之神。

古希腊神话里的刻耳柏洛斯就是这样的一个怪兽。它的别名叫作地狱三头犬，守卫着地狱的入口，允许每个人进去，却不许任何人出来。

北欧神话里看守地狱大门的也是狗，叫作嘉尔姆，有四只被鲜血染红的眼睛。

还有我们国家神话里的二郎神的哮天犬。不过，哮天犬是打猎用的，那几个是看门的。

虽然说科学界对于狗的具体驯化时间还有争论，但从世界各地的考古发现来看，狗进入人类家庭最少也有1万年了，这个却是可以确认的。在人类文明早期，世界各地的神话传说中，都有着狗的身影，它通常是以怪兽的形象出现。

狗对人类的贡献

人类与狗之间存在着浓厚的感情。狗已经成为人类的宠物或无功利性质的同伴。人们乐于接受一个永远高兴看见他的好友,并且这个好友没有任何功利性要求。狗是非常依赖于人类伙伴的,无主狗的健康状况一般都很糟糕。

作为宠物，确实是如今狗的主要用途呢。

关于狗的神话，反映的其实是狗为人类服务的某个方面的现实。没有哪一种动物像狗一样在以这么多的方式为我们服务。谁能说一说，狗对人类提供过什么服务，作出过什么贡献？

做宠物，美美的，乖乖的，让人看见就开心。

就知道你最喜欢宠物。

一些研究发现狗能够传递深度情感，这是在其他动物身上所没有发现的。这是由于其与现代人类的紧密关系造成的。在进化中，幸存下来的狗会逐步变得越来越依靠人类为生。

　　由于狗的社会行为与人类最接近，它备受独生子女、单身妇女、孤独老人和无子女家庭的喜爱。这些狗不仅给主人带来一种满足感，还给数以万计的人提供了就业机会。

除了协助军警执勤的军犬、警犬，帮助打猎放牧的猎犬、牧羊犬，看家护院的护卫犬这些广为人知的角色外，狗的角色还有很多。

　　挽用犬：在南极和西伯利亚等地雪原上拉拽雪橇，解决了当地交通困难的问题。人们又称之为"雪橇犬"。美国极地探险家罗伯特·皮利承认："是我们的狗征服了极地！"

狗的作用不只是作为宠物让人养着那么简单吧?

狗在人类生活中的用途非常广泛,几乎涉及人类生活的方方面面。

探矿犬：为地矿工作者提供了简便有效的勘探方法。

煤气检查犬：为检测工人探明最难测定的地下管道漏气部位。

潜水犬：成为海滨游泳场抢救溺水者最得力的工具。

救援犬：担负着从地震、爆炸后的废墟中搜寻遇难者的艰巨任务。

雪崩救护犬：在大雪覆盖的山区救援迷途和遇险的人们。

表演犬：在马戏团经过训练后提供娱乐节目表演，丰富人类生活。

导盲犬：在俄罗斯和日本等一些国家成为盲人生活的最好助手。

小Q就是导盲犬中的优秀代表。

在医疗、药品研究时，由于小白鼠的体重和人相差太大，所以经常需要用狗来做试验。全世界大概有上千万条狗为此献身。

在20世纪50年代到60年代，苏联太空署使用狗进行次轨道和轨道上的太空飞行，以确认人类太空飞行的可行性。其中较著名的狗有贝尔卡、莱卡和施特雷卡。从20世纪50年代到60年代，苏联总共发射了至少57犬次上太空，太空狗的实际数字比57低，因为部分狗参与了不止一次的任务。

1957年,雌狗莱卡成为第一只进太空的动物

在人类科学发展中,狗也作出了重要的贡献,发挥了巨大的作用呢。

狗与人类文明

作为人类最早驯化的家畜，狗的存在和进化都与人类文明发展有着千丝万缕的联系。对于它，人们不仅用精美的艺术作品加以歌颂，而且还视其为最忠实的守护者。

公元前两三千年前遗留下来的古埃及、古罗马和古希腊的许多壁画、浮雕上，我们可以看到许多栩栩如生的狗的形象。

古代埃及人同现代人一样喜欢他们的狗，许多城市里建有供人们埋葬爱犬的墓地。铸有狗头人身的神像，备受人们的敬仰。埃及人几千年前就已掌握了饲养狗的方法。

用皮带拴着的看家狗

　　公元前2000多年前的巴比伦把一种高大的猛犬作为军犬使用，也用于狩猎。欧洲使用最多的还是军用犬。古罗马人已经驯养出军用犬、护羊犬、赛犬、斗犬和猎犬，并采用罗马帝国的区域来命名这些狗。

古罗马时期的狗木乃伊

欧洲人到达北美洲以前,那里的因纽特人就已经有了一种拉拽雪橇的阿拉斯加雪橇犬。古希腊人在公元前几百年就培育了供玩赏用的小型犬种。

狗狗在中国

在中国，狗被驯化的年代大约在1万年前。在西安半坡文化遗址曾发现为数众多的狗的骨骸。甘肃秦安大地湾新石器文化遗址出土的彩陶壶上，也发现了4只家犬的形象，描绘得生动可爱。

距今7000～6500年前的浙江余姚河姆渡遗址，发现有狗的骨架；河北省武安县距今7000年的磁山遗址，发现有狗头骨的前半部和下颌骨，从其构造上来看，无疑属于驯养成熟的狗。

博士，前面说了狗狗在古埃及、古巴比伦、古希腊等的情况。作为跟这些文明古国并称的中国狗的情况呢？

最令人期待的是，在中国吉林榆树县周家油坊等地地层中，发现了旧石器时代的更新世晚期（约在前2.6万年～前1万年）的大量哺乳动物的化石，除人类的化石之外，出现了家狗的头骨"半化石"。

这类旧石器时代的家狗遗骸，可以表明当时中国东北地区的居民已开始将狗驯化。也就是说，东北家犬在旧石器时代晚期已经出现，时间大约在公元前1万年以前。由此可以肯定，中国是世界驯化狗的中心地之一。

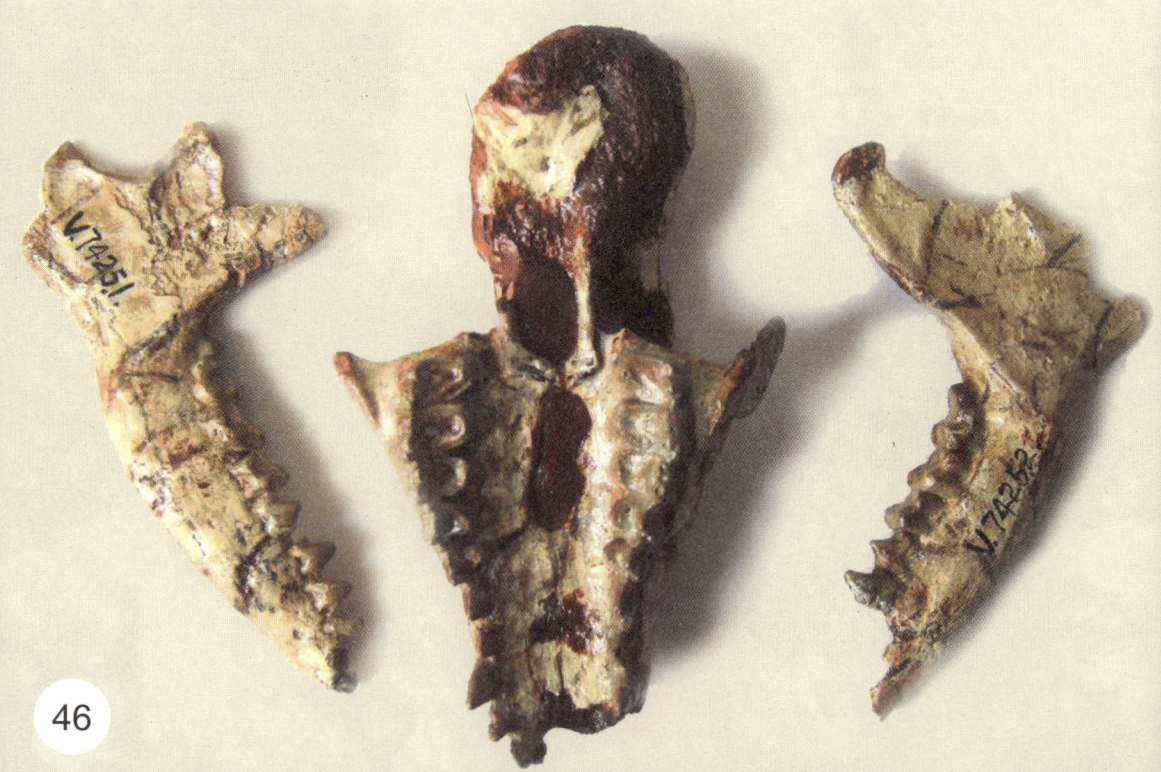

商代甲骨文中已有对犬的记载，西周时国家已有了专门管理畜犬的机构。春秋战国时期以后，劳动人民又把犬与牛、马、猪、羊、鸡并称为"六畜"。犬这一形象，还被作为十二生肖之一。当时已出现了相狗术，即按犬的外貌，来对它进行鉴定的方法。

　　秦代以后我国养犬业已经比较发达,犬由仅用于祭、食、猎向着守、食、玩、猎方面转化。《史记》之中已有对牧羊犬的记载。汉代官府中驯养犬的人还被封为官职,称为"狗监"(大概相当于饲养总管)、"狗中"(大概相当于兽医)。

盛唐时期，一种后来在世界上颇有名望的玩赏犬——北京犬（也叫哈巴狗、京巴），已经在宫廷中被专门饲养。宋代时，该犬被称为罗红犬或罗江犬。元代被称为金丝犬。在明清，人们称它为牡丹犬。

清朝慈禧太后则在颐和园内设置了"御犬厩"，命专职太监为她饲养了许多名贵的北京犬。

古代的北京犬只允许在宫廷内繁殖，不允许平民饲养。八国联军攻入北京后将之带到了欧洲，从此北京犬和广东沙皮狗、松狮犬，及青藏高原高大的藏獒均被世界上有关犬种的各种著作列为世界名犬。

这就是慈禧太后喜欢的京巴狗啊!

狗的骨架

所有的狗都具有相同的身体构造。无论体格大小,所有狗的骨骼数量都相同:共256块。而且所有狗的肌肉块数也完全一致。然而,没有任何一种动物像狗这样拥有多种多样的外貌和体

在狗的进化过程中,它们的身体结构会随着其"用途"发生变化,例如快速奔跑的猎犬、小巧的哈巴狗或强壮的搜救犬

牧羊犬

形。例如，一条罗威纳犬的胸廓非常宽，而一条灰猎犬的胸廓却纤长而扁平。

狗的头颅的形状也千差万别，既有哈巴狗或者斗牛犬这样短嘴的狗，还有柯利牧羊犬等长嘴的狗。

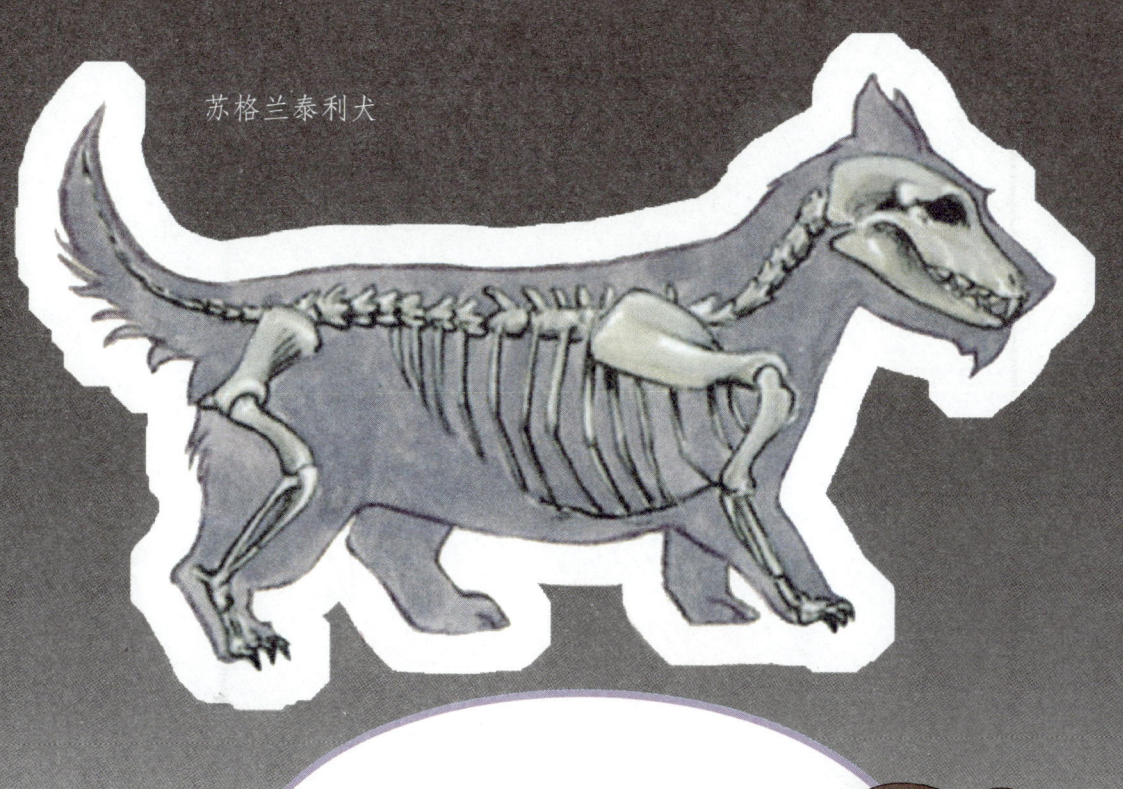

苏格兰泰利犬

狗的外形千差万别，相去甚远，它们的身体构造是不是也有所不同呢？

狗的奔跑

狗是一种可以脚跟不着地，只用脚趾尖触地行走的"趾行性"动物。据推测，狗原也和人一样，必须靠脚跟着地来行走，但为了追逐猎物，它往往需要跑很长的距离。为了减少疲劳，提高速度，逐渐演变为脚趾尖着地的跑步姿势。

我们往往以人类脚的形状去猜测狗的脚，以为犬爪后部一定是它的后跟了。其实狗的所谓后跟，就是位于脚上方被称为"飞节"的部分，即骨头向后突出来的部位。狗的前爪有5趾，后爪有4趾，但是前爪的拇指碰不到地面。而后爪虽然也有拇指，但已经完全退化，基本上已经看不清了。这大概是狗用爪尖行走的结果，拇指已变得没有用了。

狗的爪子不像猫和其他一些动物那样,能够缩起来走路,其一直伸得长长的,其实这正好起到了类似于钉鞋那样的作用,使狗跑起来更快。

　　狗天生就是擅长奔跑的动物。它们也喜爱奔跑，总是跑来跑去，让我们无法跟上它们的步伐。如果主人没能教会他的狗温顺地跟着人的脚步慢慢走，那么它就会拉着狗绳拽着我们跑，因为狗觉得我们走得太慢了。如果我们让它由着性子跑，它的速度可达人类奔跑速度的两到三倍。

狗的耐力

大多数狗的耐力非常持久。猎犬在一天的狩猎活动中能跑200公里,完全不亚于牧羊人的牧羊犬。因纽特人的雪橇犬耐力特别突出,一条健康的、中等体形的狗,通常可以每小时奔跑8~10公里。

小知识链接

世界上跑得最快的狗

格力犬，又名灵缇，原产于中东地区。成年犬身高68~76厘米，体重27~32公斤，速度在64公里/时以上，最高可达72公里/时，是世界上奔跑速度最快的狗。

狗的喘息

与我们人类不同，狗的汗腺是很少的（除了足趾处以外），因此狗不能及时排汗散热。狗与狐狸、狼以及其他犬科动物一样，通过喘息来散发身体多余的热量。它们张开嘴部，伸出舌头，迅速地吸入凉爽的空气，同时呼出热空气。

狗虽然喜欢跑动，可是它们跑不了多久就要张大嘴，把舌头伸得长长的，使劲地喘气，看上去累极了。它们的耐力真的好吗？

狗喘息不是因为累极了，而是为了散热。

狗的嗅觉

狗对环境的感知与我们人类完全不同。对于狗来说，环境是由我们无法想象的各种各样的气味所组成的。在大街上，彩色的广告、橱窗里的陈列物、来来往往的汽车完全不能吸引它的注意力。它所感兴趣的是路人、商店与物品所散发出来的成千上万种的气味。最吸引它的当然是同类留下的气味记号。因此，狗总是喜欢嗅闻树木、街灯或者墙角。

狗主要是通过鼻子来"观察"这个世界的。因此失去视觉对狗造成的负面影响并不如失去嗅觉那样严重。狗通过嗅觉的帮助来辨别方向，它能记忆味道，或许还能在睡梦中感受气味。

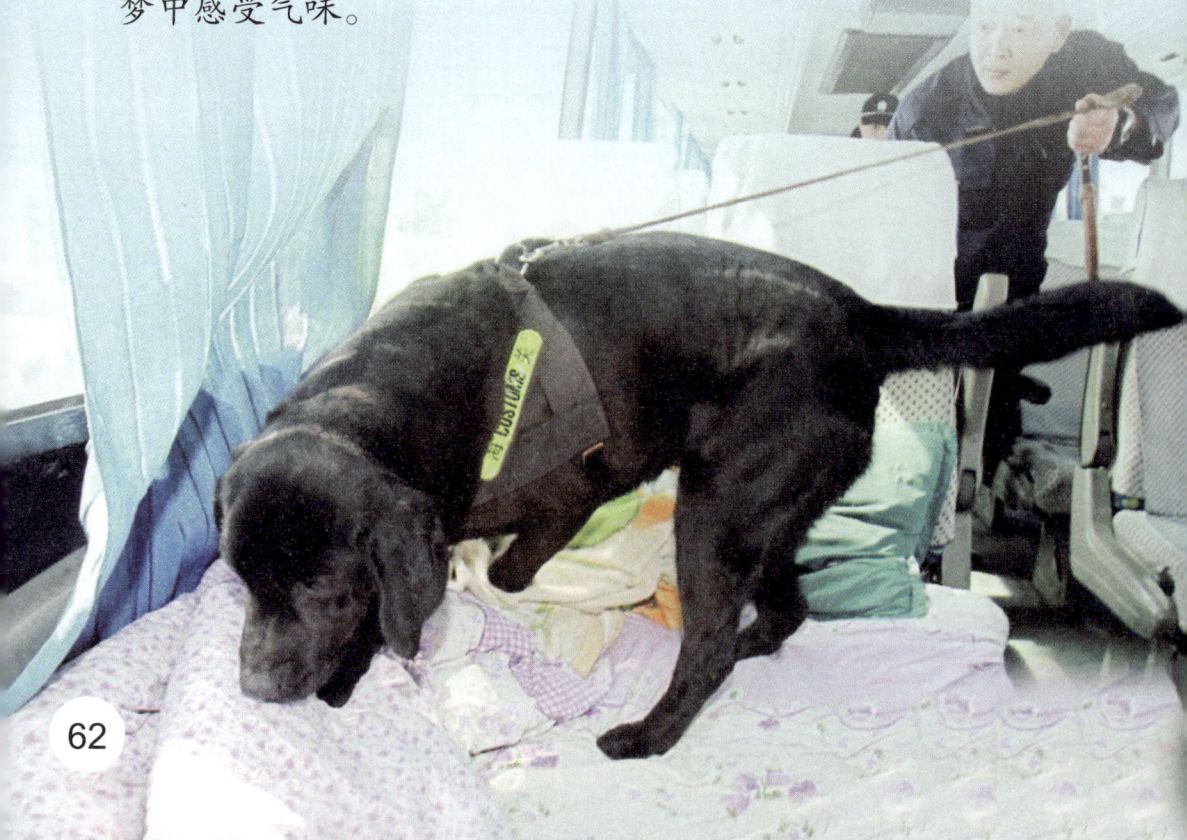

狗通过鼻子认识所有对它来说重要的事物，例如它面对的是敌人还是朋友，面前的东西能不能吃或者周围有没有一条奔跑着的母狗。但是狗鼻子对于人类汗液中含有的丁酸更为敏感。即使是稀释了百万倍的丁酸，狗也能够闻到。

　　狗鼻子黏膜嗅觉表面的面积是人类的30~40倍，上面分布有2.2亿个嗅觉细胞，而人类仅有500万个嗅觉细胞。因此，狗的嗅觉能力是人类的几百倍。

狗的听觉和耳朵

　　我们有时会惊讶地发现,在门铃响起或者有人来访之前,正低着头打盹儿的狗会突然竖起耳朵,并把头转向门口。这说明它能够在我们之前感受到一些声响。狗不仅嗅觉比我们人类灵敏,听力也比我们灵敏许多。

　　它能够清晰地分辨出各种声音,还能够准确地判断出声音的方向。但前提是它的耳朵是竖立的,不是下垂的。它的耳朵部位的肌肉就像可以移动的喇叭,帮助它准确感知声音。

狗能够迅速将对它来说重要或者有趣的声音与周围的声音区分开来。虽然它能够感觉到平常的噪声打扰了它，却几乎不会对这些声音作出反应。而它周围突然出现的不同寻常的声音，会立刻吸引它的注意力。

狗也能感知频率很高的声音。由于振动频率在20000赫兹以上的声波人类是无法听见的，因此被人类称为"超声波"。但是狗能听到40000赫兹以下的高频声波。而猫的听力比狗更厉害，它能听到50000赫兹的高频声波，几乎与蝙蝠不相上下。

犬类耳朵的形状林林总总，好像数不过来。其实，它们大致可以分成6种类型：立耳、垂耳、半立耳、下垂耳、玫瑰耳、蝙蝠耳。这个分类的依据是耳朵的大小、形状、耳壳的质地软硬等。

人们在对犬的引导繁殖、训练过程中，根据其工作性能的先天特点，有意无意地进行了选择；耳朵的特点也是选择之一。人类有目的的引导繁殖和训练会对狗的某些先天特征加以巩固和放大，包括耳朵。

立耳　　下垂耳　　垂耳

耳朵不同，其功能也不尽相同。嗅觉出色的狗多来自狩猎犬组，比如寻血、巴吉度。它们都具有一双长而下垂的大耳，在它们靠嗅觉追寻猎物时，垂及地面的耳廓，可以扫开地面落叶等干扰物，同时又能够聚拢气息，更便于辨别猎物气味。

原来狗狗的垂耳还可以用来扫地啊。

相比之下，护卫犬、警卫犬很少使用大耳垂地的狗，因为它们远没有立耳狗的听觉好，不利于及早发现敌情。

狗的视力和眼睛

长久以来，许多人认为狗无法分辨色彩。最近，研究人员发现，狗能够分辨不同色阶的灰色，也能分辨某些色彩，特别是蓝色和紫色。

在对光的反应上，犬眼和人眼不同。人眼对造成各种色彩的三原色（蓝、绿、红）有反应。美国佛罗里达大学兽医学院眼科副教授Dennis Brooks博士说，狗的视觉和人的视觉不同：狗无法像人一样分辨各种色彩，但狗的确可以看到某些颜色。

狗能够分辨深浅不同的蓝、靛和紫色，但是对于光谱中的红、绿等高彩度色彩却没有特殊的感受力。Brooks博士的研究显示，红色对狗来说是暗色，而绿色对狗来说则是白色，所以绿色草坪在狗看来是白色的。

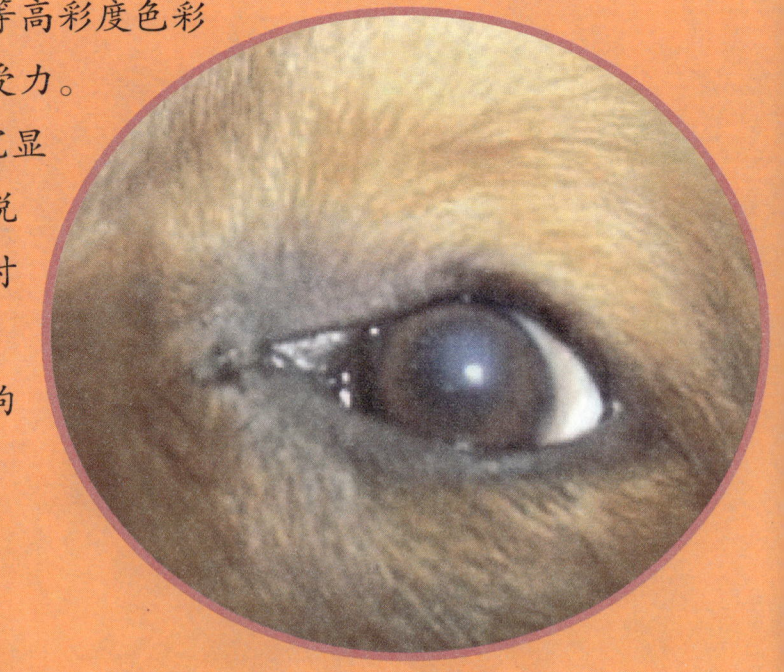

狗眼睛里的光线受纳器——视网膜——含有多量的柱状细胞，柱状细胞有助于暗处视力及观察移动物体。视网膜中的另一种细胞是椎状细胞，它的功能主要在于分辨颜色和辨别微细之处。

狗的视网膜上有一层额外的脉络膜层，有强烈的反光性，也能增强狗的夜间视力。因为光线进入眼内会撞击视网膜上的光线受纳器，但也可能错失而穿透视网膜；但对狗而言，因有脉络膜层，所以即使光线未撞击光线受纳器，仍会反射回到视网膜上，造成所谓的第二视力。

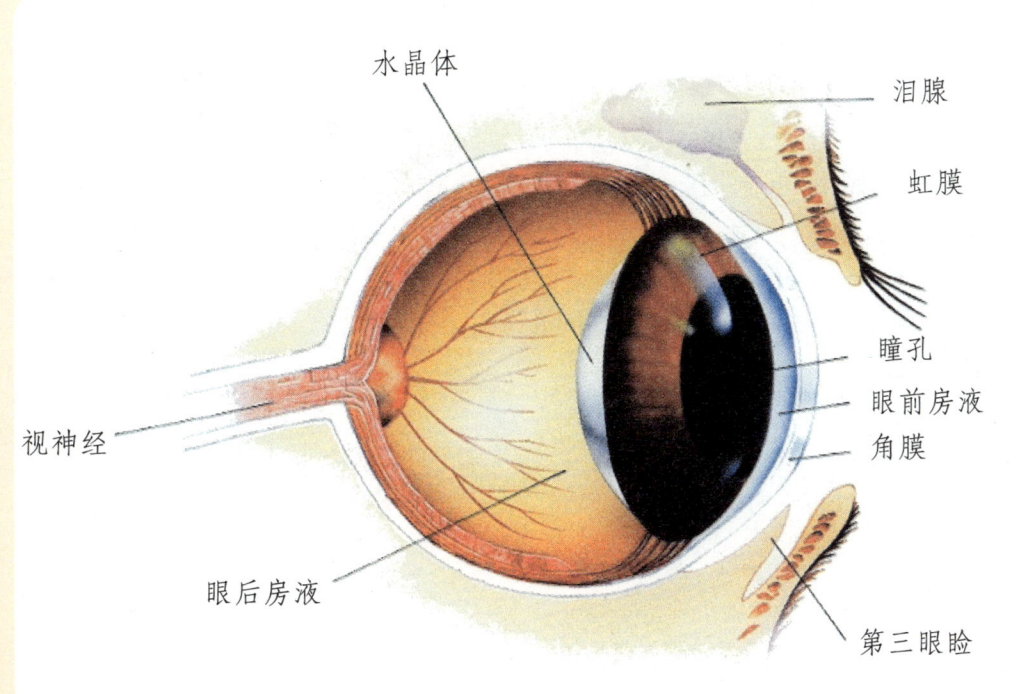

狗的眼部结构

遇到强光时,狗的眼睛出现黄、绿、红等颜色,挺吓人的,这个是不是视网膜反光造成的?

是的。

狗的视觉范围取决于眼睛的位置，眼睛越靠近头部两侧，视觉范围越大。但是这对于双眼的立体视觉来说却不太有利。

短鼻犬种（如斗牛犬）能看到较长的景深，而长鼻犬种（如牧羊犬）则有较宽的视野。此外，狗的颅形和鼻部的长短也会影响其视觉。一般认为大多数狗都稍有近视的现象，少数有远视现象；但是近视和远视的程度都极低。

沙克犬　　　　　　　　　波士顿犬

狗的睡眠

睡眠是恢复体力、保持健康所必不可少的休息方式。狗在野生时期是夜行性动物，白天睡觉，晚上活动。被人类驯化后与人的起居基本保持一致，改为白天活动，晚上睡觉。但与人不同的是，狗不会从晚上一直睡到早晨，而且睡觉时始终保持着警觉状态。

有人认为，狗在睡觉时对于味道的反应完全停止，而对声音却特别敏感。另外，狗睡觉的姿势也总是将头朝向外面，比如庭院的大门方向，随时可以体察到外面的各种变化。这一特性成为狗能看家、警卫的本领。狗每天大约需要14~15小时的睡眠时间，但不会用这么长的整块时间，而常分成几次。

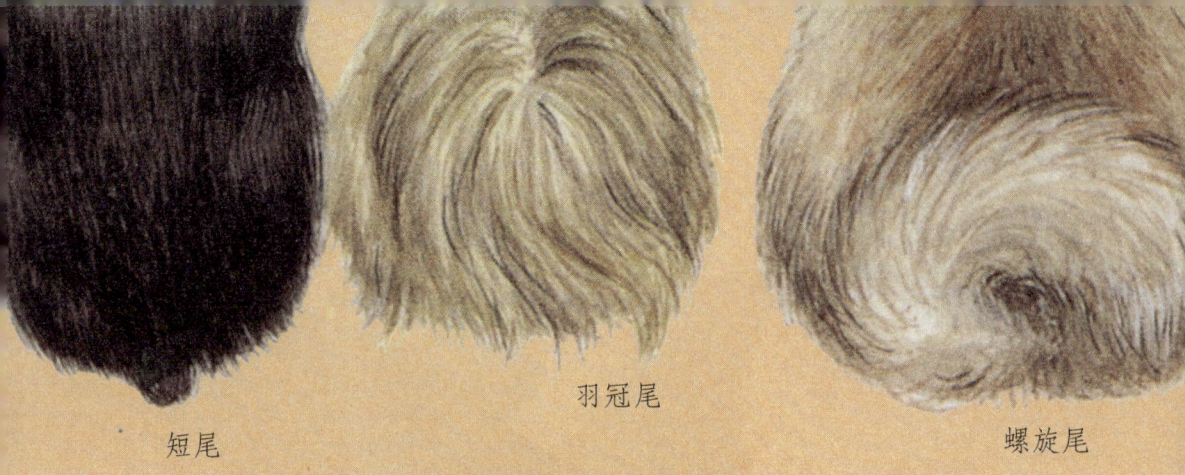

短尾　　　　　羽冠尾　　　　　螺旋尾

狗的身体语言

狗是一种高级的哺乳动物,它不但有超常的感觉能力,而且有丰富的感情变化。特别是一些小型宠物犬,它们最会察言观色,极尽献媚讨好之能事。

刀尾　　　剑尾

狗虽然不会像人一样说话，可是看着它的动作，它的姿态，就会知道它想要什么，它情绪怎么样。

狗的语言，是一种无声的语言，是身体语言。

狗可以通过多种方式表达它的情绪和感情。几乎每种耳部活动、眼神或者身体姿态都具有一定含义。狗的尾巴也是一种重要的心情风向标。

喜悦：狗不停地跳起，身体弯曲，用前腿踏地，或者尾巴使劲地左右激烈摇摆，耳朵向后紧贴头部，目光柔和。

愉快：狗轻摇尾巴，喉咙中发出低音调的"汪汪"声，有时也会不停地舔主人的手和脸。

撒娇：狗在请求主人宽恕而撒娇时，则会垂下尾巴，眼睛不敢正视主人的目光。在它想得到什么或催促主人和它一起玩时会轻轻地摇动尾巴，露出乞求的目光。

愤怒：狗在愤怒时，全身僵直，四肢伸开，狗毛倒竖，同时嘴唇翻卷露出牙齿，发出威胁性的"喔喔"声，以恐吓对方。

疑惑　　　　　愉快、兴奋　　　　　尴尬

悲伤：狗发出"呜呜"的叫声，希望接近主人以"诉说"自己的悲伤、痛苦和不幸等。一般仔狗刚离开母亲来到一个陌生的环境，想念母亲、同伴时便会发出类似于哭泣的哀鸣声。

警觉：狗在警觉时，耳朵会竖起来并转动，探听周围的动静，发出高音调的"汪汪"声报警。在外敌接近时，则发出连续的低沉的"喔喔"声。

恐惧：狗依恐惧的程度不同，尾巴垂下程度也不同，如尾巴完全夹在两腿中间，则表示极端的恐惧。

寂寞：狗在寂寞时，全身松弛而瘫软。有时还会像打哈欠一样，或发出类似于狼嚎的"呜呜"声，以呼唤远方的伙伴，消除自身的寂寞。

惊恐、害怕　　　　　　恐吓　　　　　　愤怒

狗的年龄

狗的年龄主要根据牙齿生长情况、齿峰及牙齿磨损程度、外形颜色等进行综合判定。成年犬（恒齿）齿式为门齿、犬齿、前臼齿、臼齿，共计42枚。幼犬齿式为门齿、犬齿、前臼齿，共计28枚，缺1枚前臼齿和臼齿。

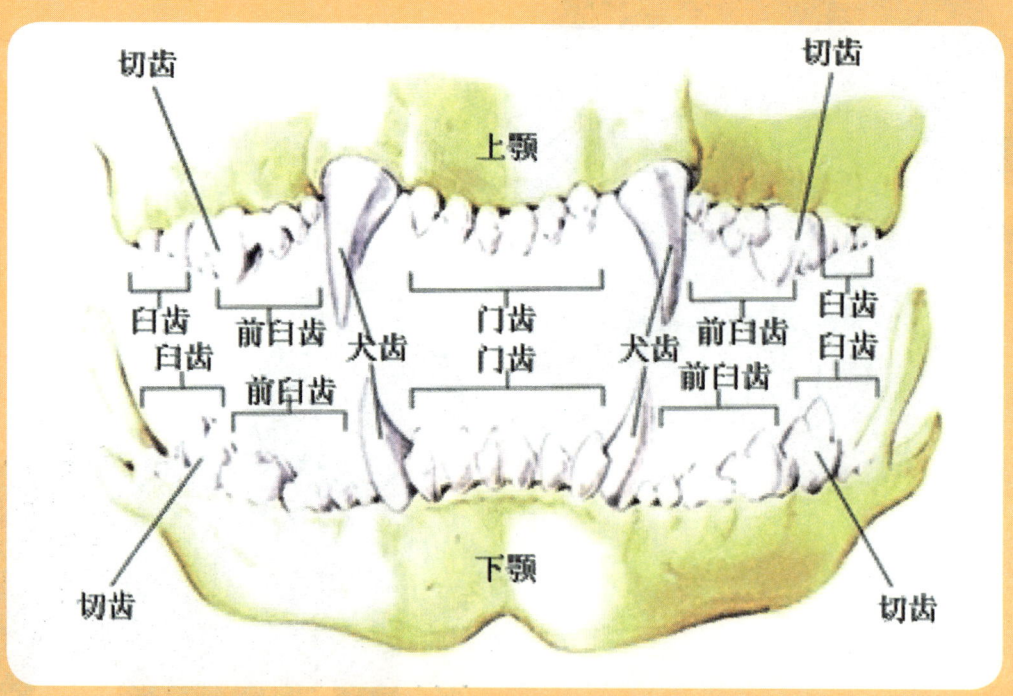

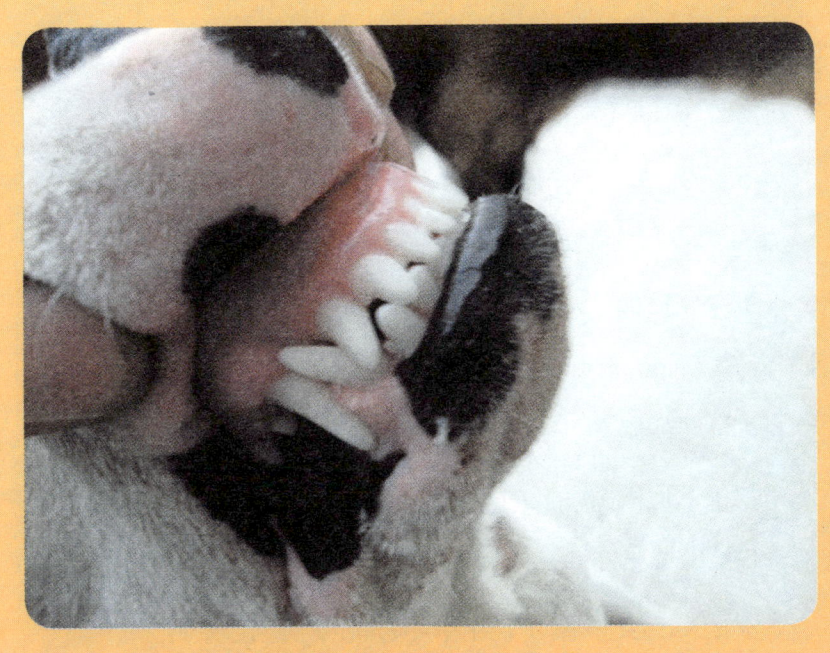

判定狗的年龄时依据以下标准：

20天左右：开始长牙。

4～6周龄：乳门齿长齐。

将近2月龄时：乳齿全部长齐，呈白色，细而尖。

2～4月龄：更换第一乳门齿。

4～6月龄：换第二、三乳门齿及乳犬齿。

8月龄以后：全部换上恒齿。

1岁：恒齿长齐，洁白光亮，门齿上都有尖突。

1.5岁：下颌第一门齿尖峰磨灭。

2.5岁：下颌第二门齿尖峰磨灭。

3.5岁：上颌第一门齿尖峰磨灭。

4.5岁：上颌第二门齿尖峰磨灭。

5岁：下颌第三门齿尖峰稍磨损，下颌第一、二门齿磨损面为矩形。

6岁：下颌第三门齿尖峰磨灭，犬齿钝圆。

7岁：下颌第一门齿磨损至齿根部，磨损面呈纵椭圆形。

8岁：下颌第一门齿磨损面向前方倾斜。

10岁：下颌第二及上颌第一门齿磨损面呈纵椭圆形。

16岁：门齿脱落，犬齿不全。

狗的寿命

狗与人的年龄对照

狗的年龄（岁）	1	2	3	4	5
人的年龄（岁）	14	21	26	31	36

从狗与人类的年龄对照表看，狗2~5岁算是壮年期，10岁就步入老年期了。

狗狗1岁相当于人类14岁，狗狗14岁相当于人类81岁，那么，狗狗的寿命一共能有多少年呢？

6	7	8	9	10	11	12	13	14
41	46	51	56	61	66	71	77	81

　　和所有其他生物一样，狗也有着属于这一物种的自然寿命。狗的平均寿命是12~13岁，但也有许多狗可以活到15~16岁。活到20岁或者活得更长的就是特例了。狗的寿命跟狗的品种以及日常饲养管理有关，一般来说，小型狗比大型狗活得更久。

小知识链接

狗的平均寿命排行榜

1. 迷你贵宾犬：14.8岁
2. 玩具贵宾犬：14.4岁
3. 迷你腊肠犬：14.4岁
4. 惠比特犬：14.3岁
5. 松狮犬：13.5岁
6. 西施犬：13.4岁
7. 比格猎兔犬：13.3岁
8. 北京犬：13.3岁
9. 喜乐帝犬：13.3岁
10. 边境牧羊犬：13.0岁
11. 吉娃娃犬：13.0岁
12. 猎狐㹴（gēng）：13.0岁
13. 巴吉度犬：12.8岁
14. 西高地白㹴：12.8岁
15. 约克夏犬：12.8岁
16. 拉布拉多猎犬：12.6岁
17. 美国可卡犬：12.5岁
18. 柯利牧羊犬：12.3岁
19. 阿富汗猎犬：12.0岁
20. 金毛寻回猎犬：12.0岁
21. 英国可卡犬：11.8岁
22. 爱尔兰雪达犬：11.8岁
23. 威尔士柯基犬：11.3岁
24. 萨摩耶犬：11.0岁
25. 拳师犬：10.4岁
26. 德国牧羊犬：10.3岁
27. 杜宾犬：9.8岁
28. 大丹犬：8.4岁
29. 伯恩山犬：7.0岁

此外串种犬的寿命在12.6岁

狗的种类

最新研究表明,所有的狗99%的基因是相同的,但剩下的1%的基因差异却决定了狗的品种。

现在全球生活着大约400个品种的纯种狗。但是没有人知道现在世界上一共有多少种狗。因为除了纯种狗之外,世界上还有很多没有谱系的杂交狗。

每种狗的血统、外貌和特征都各有特色，使得狗的种类也多种多样。经验丰富的专家也难以将所有的狗轻松分类，虽然有很多人一直在尝试，但至今为止，没有人获得令人信服的成果。

1 丹麦獒
2 爱尔兰牧羊犬
3 达尔马提亚犬
4 德国绒毛犬（迷你型）
5 艾尔谷㹴
6 硬毛达克斯猎犬
7 拉萨犬
8 哈士奇
9 中型德国刚毛指示犬
10 拳师犬
11 德国早期的牧羊犬
12 贵宾犬

狗的智商排名

有人说,狗的智商完全取决于主人对它的训练;而另一部分人则认为这完全是由基因和品种决定的;又或许,狗的智商同时受制于这两个因素。

美国哥伦比亚大学心理学教授Stanley Coren结合285名相关专家,对各著名犬种进行深入研究观察,参照世界犬业联合会提供的大量资料,填写了复杂且数量庞大的问卷,对犬只的工作服从性和智商进行了排名。

排名第1~10位的狗，大部分听到新指令5次，就会理解其含义并轻易记住。主人下达命令时，遵守的概率高于95%。即使主人位于远处，它们也会在听到指令后几秒内就有反应。即使训练它们的人经验不足，它们也可以学得很快、很好。

1. 边境牧羊犬
2. 贵宾犬
3. 德国牧羊犬
4. 金毛猎犬
5. 杜宾犬
6. 喜乐蒂牧羊犬
7. 拉布拉多猎犬
8. 蝴蝶犬
9. 罗威纳犬
10. 澳洲牧牛犬

边境牧羊犬：又名博德牧羊犬，原产于苏格兰边境，为柯利牧羊犬之一种，具有强烈的牧羊本能。天性聪颖，善于察言观色，能确切明白主人的指示，可根据主人眼神的注视方向而驱赶羊群移动或旋转，被当成牧羊犬已有多年的历史。

其特点是聪明、学习能力强、理解力强、容易训练、温和、忠诚、顺从，其忠心程度可以用如影随形来形容。

贵宾犬：也称贵妇犬，属于非常聪明且喜欢狩猎的犬种。据猜测起源于德国，在那儿它以水中捕猎犬而著称。然而许多年以来，它一直被认为是法国的国犬，贵宾犬根据体形大小分为标准犬、迷你犬、玩具犬、巨型犬四种。

50多年前贵宾犬是世界上最流行的犬种，它在美国犬业俱乐部（AKC）缔造了连续23年（1960~1982)排名第一的纪录。大量繁殖后，重量不重质，人们对它的喜爱热度降了下来。

德国牧羊犬：原产德国，敏捷且适合动作式的工作环境。体形高大，外观威猛，并且具备极强的工作能力，因此在全世界范围以警犬、搜救犬、导盲犬、牧羊犬、观赏犬，以及家养宠物犬等身份活跃。

由于绝大多数被毛为黑灰色，或者腹部为灰白色，背部为黑灰色，所以俗称"黑背"，是世界公认的最优秀的工作犬之一。

金毛猎犬：是一个匀称、有力、活泼的犬种。身体各部位配合合理，腿既不太长也不笨拙，表情友善，个性热情，机警、自信。因其是一种猎犬，在困苦的工作环境中才能表现出它的本质特点。

金毛猎犬体格健壮，工作热心，可以用来捕捉水鸟，在任何天气条件下都能在水中游泳。它深受猎手的喜爱，被作为家犬饲养，为大型犬。它是人类最忠实、友善的家庭犬及导盲犬。

杜宾犬：即笃宾犬。原产德国，它是根据培育这一品系的人的名字路易斯·杜伯尔曼命名的，是所有品系中最富智慧的一种。

杜宾犬是军、警两用的犬只，外观为中等大小，身躯呈正方形。身体结构紧凑，肌肉发达而有力，具有极大的耐力和很快的速度。杜宾犬活泼、警惕、坚定、机敏，态度自信，显示出其高贵的气质，勇敢忠诚而顺从。

喜乐蒂牧羊犬：原产苏格兰，因产地得名Shetland sheepdog，简称Shelti（喜乐蒂）。它是非常好的牧羊犬，已有一百多年的历史，忠诚、热情、开朗顺从，具有理解力，且不易伤人，喜爱奔跑。

但是喜乐蒂的个性会因饲养者而异,它们对主人是忠诚而充满热情的,并且非常容易训练,这是因为它们天生乐于与主人为伍,相当感性,并对陌生人相当警惕。

拉布拉多猎犬：是一种大中型犬，天生个性温和、活泼，没有攻击性且智能高，是适合被选作导盲犬或其他工作犬的狗品种，跟黄金猎犬、哈士奇并列为三大无攻击性犬类。

在美国犬业俱乐部中,拉布拉多犬是目前登记数量最多的品种。它性情温和,容易训练,活泼好动,忠于主人且服从指挥,具有强烈的取悦人的愿望。

蝴蝶犬：又称蝶耳犬和巴比伦犬，身高20~28厘米，体重3~5公斤。原产于法国，起源于16世纪，是欧洲最古老的品种之一。

该犬最大的特点是头部色彩多样，而且左右对称，加上两只酷似蝴蝶双翼的耳朵，整个头部就像一只美丽的花蝴蝶，因此而得名。蝴蝶犬是一种名贵典雅的伴侣犬和玩赏犬，体形虽小，但适应性很强。由于外观十分漂亮，小巧玲珑，尤为天性爱美的女士们钟爱。

罗威纳犬：身体强壮，动作迅猛，气势强悍，是世界上最具有勇气和力量的犬种之一。此犬曾经被用于看守牛群，是聪明强壮、极易亲近的犬种。现在在警犬的选取方面，该犬种广受好评，同时亦可成为极有身价的家庭犬。

为了让它确实服从命令，饲养者应对其进行严格的训练。罗威纳犬生来具有警卫才能。中世纪时，有钱的商人们为了避免钱财被盗，便把钱袋挂在罗威纳犬颈部。此犬个性沉稳，极富感情，也可做家庭伴侣犬。

澳洲牧牛犬：别名为昆士蓝赫勒犬、蓝色赫勒犬。此犬精力充沛，耐力持久且多才多艺，在澳大利亚是长距离驱赶牛群前往市场的好帮手，适应荒凉野外的生活环境。

澳洲牧牛犬的警觉、机智、勇敢、诚实、绝对忠于职责的特性使它成为一种理想的工作犬。它本质上属于活动力强的户外犬种，饲养时必须保持足够的运动量，不适合城市生活和作为小孩的伙伴。

排名第11~26位的狗，学习5~15次才能学会简单指令，遵守第一次指令的概率是85%，对于稍微复杂的指令有时反应迟缓一些，但勤加练习就能消除这种状况。

当主人离它们较远时，它们的反应有可能也稍微迟缓一些。不过，即使训练人员经验稍微不足，还是有办法将这些狗调教得很棒。

11. 威尔士柯基犬
12. 迷你型雪纳瑞
13. 英国跳猎犬
14. 比利时特弗伦犬
15. 史其派克犬/比利时小牧羊犬
16. 苏格兰牧羊犬
17. 德国短毛指示犬
18. 英国可卡/标准型雪纳瑞
19. 布列塔尼猎犬
20. 美国可卡
21. 威玛猎犬
22. 伯恩山犬
23. 博美犬

24. 爱尔兰水猎犬
25. 维兹拉犬
26. 卡狄肯威尔斯科基犬

威尔士柯基犬：外形矮小，力气较大，给人一种体格结实、充满活力、耐力优秀的印象，是最受欢迎的小型看家犬之一。本性友好，勇敢大胆，既不胆怯也不凶残。性格温和，但不要强迫它接受它不愿意接受的事物。

该犬种忠诚、可爱，外表敦厚老实。听觉、嗅觉均极其敏锐。责任心、护主心强，会在主人发生危险的时候全力救助。从12世纪至今，一直是英国王室的宠物。

苏格兰牧羊犬：别名柯利犬，产自英国，坚强、结实、积极、活泼，性情优良，容易亲近，在室外动力充沛，对主人感情丰富，对陌生人警戒心强。

苏格兰牧羊犬是充满灵性的犬中明星，是从古老的牧场到影视作品中不断出现的主角。它的机警、聪慧与勤劳都给人留下了深刻印象，不愧为能够与人终生为伴的明星狗狗。

博美犬：是一种紧凑、短背、活跃的玩赏犬，是德国狐狸犬的一种。原产自德国。拥有柔软、浓密的底毛和粗硬的披毛。尾根位置很高，长有浓密饰毛的尾巴平放在背上。具有警惕的性格、聪明的表情、轻快的举止和好奇的天性。

博美犬的步态骄傲、庄重而且活泼，气质和行动都是健康的。博美犬是一种性格外向、非常聪明而且活泼的犬，是非常优秀的伴侣犬，同时也是很有竞争力的比赛犬。

排名第27~39位的狗，属于中上程度的狗，重复15次指令后才会表现出似懂非懂的反应，需要很多额外练习，尤其是在初期。它们对第一次指令作出的回应概率是90%，表现的优劣取决于练习时间的多寡。

整体来说，它们的表现与排名较前的狗一样好，只是动作没那么平顺连贯，而且反应也稍微慢半拍。如果主人站得稍远，它们可能不会回应主人的指令；如果训练者缺乏经验，或过于严厉，或没耐心，这些狗的表现就会很差。

27. 切萨皮克湾拾列犬/波利犬/约克夏狸

28. 巨型雪纳瑞

29. 万能狸

30. 伯瑞犬

31. 威尔斯跳猎犬

32. 曼彻斯特狸

33. 萨摩耶犬

34. 纽芬兰犬/澳洲狸/美国斯塔福郡狸/戈登蹲猎犬/长须牧羊犬

35. 凯恩狸/凯利蓝狸/爱尔兰狸

36. 挪威猎麋犬

37. 猴面狸/丝毛狸/迷你品犬/法老王猎犬/克伦伯长毛垂耳猎犬

38. 洛威狸

39. 斑点狗

萨摩耶犬：以西伯利亚游牧民族萨摩人而命名，一向被用来拉雪橇和看守驯鹿，以具有忍耐力与健壮的体格而闻名。欧洲探险家使用此犬从事南、北极探险工作。

萨摩耶犬有着非常引人注目的外表，体格强健却不惹麻烦。它有雪白的皮毛、微笑的脸和黑色的眼睛，有微笑天使之称，是现在犬中最漂亮的一种。萨摩耶犬身体非常强壮，速度很快，是出色的守卫犬。

斑点狗：也叫大麦町犬，原产地为原南斯拉夫。该犬平静而警惕，轮廓匀称，体格强健，肌肉发达，活泼，毫不羞怯，聪明伶俐，听话易训，感觉敏锐，警戒心强，容易与小孩相处。

斑点狗被公认为最优雅的品种之一,具有白色的皮毛及清晰的黑斑点。根据古希腊的雕刻及古埃及的壁画推测,这种狗已有数千年的历史,有人认为其起源地是埃及和印度。

排名第40~54位的狗，智商与服从性属中等程度，在学习过程中，会在练习15~20次之后才对任务基本了解。若想得到令人满意的表现，可能需要25~40次的练习。如果没有练习，它们可能会忘记曾经学过的动作。它们回应第一次指令的概率是50%，但先决条件是必须先重复训练。

如果主人站得很近，它们的表现会较好；如果与主人距离较远，狗的表现就会较差。较高明的训练人员可以把这些狗调教得和聪明狗一样好；但经验不足的人，或缺乏耐心者，可能拿这些狗没办法。

40. 贝林顿㹴

41. 爱尔兰猎狼犬

42. 库瓦兹犬

43. 萨路基猎犬

44. 骑士查理王猎犬/德国刚毛指示犬

45. 西伯利亚雪橇犬/比熊犬/哈士奇

46. 灵缇/英国猎狐犬/美国猎狐犬/格里芬犬

47. 西高地白㹴

48. 拳师犬/大丹犬

49. 腊肠犬

50. 阿拉斯加雪橇犬

51. 沙皮犬

52. 罗德西亚背脊犬

53. 爱尔兰㹴

54. 波士顿㹴/秋田犬

腊肠犬：属活泼、勇敢的狩猎犬种，是唯一会抓老鼠的犬种，追踪猎物时具有惊人的耐性及体力。嗅觉敏锐，体形类似小型犬，能自如入洞驱赶兔子、狐狸等猎物。活泼、聪明，喜爱哄闹。

沙皮犬：又名大沥犬、打（斗）犬或中国斗狗，是世界稀有犬种。带有王者之气，警惕、聪明、威严，原产于我国广东省佛山市南海区大沥乡，因其毛短而硬，手感粗糙，似打磨用的砂纸，故此得名沙皮犬。

排名第55~69位的狗，要使它完全理解指令，可能需要40~80次的练习。如果练习中断，它们表现得就像是从来没有学过这些动作。经过练习后，狗回应第一次指令的概率是30%。

　　大部分时候，这些狗都很容易分心，而且只在觉得高兴的时候才执行主人的指令。通常这些狗被评价为"独立""冷漠"。有经验的驯狗者，花很多时间也能使狗对指令立即产生反应，不过它们的表现充其量差强人意而已。

55. 斯凯㹴

56. 西里汗㹴

57. 巴哥犬

58. 法国斗牛犬

59. 马尔济斯犬

60. 意大利灵缇

61. 中国冠毛犬

62. 丹迪丁蒙㹴/西藏㹴

63. 英国老式牧羊犬

64. 比利牛斯山犬

65. 苏格兰㹴/圣伯纳犬

66. 牛头㹴

67. 吉娃娃

68. 拉萨犬

69. 斗牛獒犬

圣伯纳犬：又名圣伯纳德犬，原产丹麦，是一种名副其实的巨型工作狗，体重能达100公斤，身高可达1米。圣伯纳犬善良、友爱，喜欢与小孩在一起，忠于主人，擅长救生。

吉娃娃：也译作芝娃娃、奇娃娃、齐花花，属小型犬种里最小型的犬。吉娃娃优雅、警惕、动作迅速，以匀称的体格和娇小的体形广受人们的喜爱。有坚忍的意志，聪明而且极其忠诚，动作敏捷活泼，十分勇敢，能在大犬面前自卫。

排名第70~79位的狗，要让它们记住指令，通常要练习上百次。学会后必须多加练习，否则它们会忘得像没学过这个动作，即使习惯养成了，它们还是没办法每次都回应主人的指令。

它们第一次回应指令的概率是25%，有时候它们会把头偏离主人，像是故意不理会主人，或是故意挑战主人的权威。当它们回应指令时，行动通常缓慢不确定，或心不甘情不愿。普通训练人员可能控制不了这些狗的表现。

70. 西施犬
71. 巴吉度猎犬
72. 獒犬/比高犬
73. 北京犬
74. 血缇
75. 苏俄牧羊犬
76. 松狮犬
77. 老虎犬
78. 见生吉犬
79. 阿富汗猎犬

西施犬：别名菊花狗。原产于中国，起源于17世纪。在西藏，被饲养在喇嘛庙内作为看门狗。其名称源于中国古代四大美女之一的西施。

松狮犬：是一种原产于中国的古老犬种，其历史最早可以追溯到商朝。如今众所周知的松狮犬，在中国汉代的陶器及雕塑品中非常容易辨认。这是非常具有天赋的一个品种，几乎能完成其他所有品种所能完成的工作。

阿富汗猎犬：主要用于追踪狩猎，靠眼力追踪猎物。由于这种猎犬常常把马远远抛在后面，所以阿富汗猎犬"靠自己"打猎，而不是依靠猎人的指挥，这样训练了它的独立思考能力。

尽管阿富汗猎犬体格强壮，然而生活方面一旦发生变故，其身体会日渐消瘦。人们曾评论该犬具有不可信赖的气质。

排名最后的狗是不大听话的个性派，这"断后"的狗狗最有个性啊！

现在品种经过改良，阿富汗猎犬的训练和饲养比以前容易多了。

爱狗的人可能更喜欢这样一种说法：上天创造了人，看到人类如此荏弱，便为我们创造了狗。

狗和人类之间的感情可以追溯到千年万年前。人们有理由相信，在今后的日子里，人和狗之间的感情还会一直延续下去。

让我们一起努力。